XINRUI JIAJU

新锐家居

锐扬图书/编

玄关走廊 隔断

海峡出版发行集团 | 福建科学技术出版社
THE STRAITS PUBLISHING & DISTRIBUTING GROUP | FUJIAN SCIENCE & TECHNOLOGY PUBLISHING HOUSE

图书在版编目（CIP）数据

新锐家居．玄关走廊　隔断 / 锐扬图书编．—福州：福建科学技术出版社，2013.12

ISBN 978-7-5335-4431-7

Ⅰ．①新… Ⅱ．①锐… Ⅲ．①住宅 – 门厅 – 室内装修 – 建筑设计 – 图集②住宅 – 隔墙 – 室内装修 – 建筑设计 – 图集 Ⅳ．① TU767-64

中国版本图书馆 CIP 数据核字（2013）第 283324 号

书　　名	**新锐家居　玄关走廊　隔断**
编　　者	锐扬图书
出版发行	海峡出版发行集团 福建科学技术出版社
社　　址	福州市东水路 76 号（邮编 350001）
网　　址	www.fjstp.com
经　　销	福建新华发行（集团）有限责任公司
印　　刷	福建彩色印刷有限公司
开　　本	889 毫米 ×1194 毫米　1/16
印　　张	6.5
图　　文	104 码
版　　次	2013 年 12 月第 1 版
印　　次	2013 年 12 月第 1 次印刷
书　　号	ISBN 978-7-5335-4431-7
定　　价	29.80 元

书中如有印装质量问题，可直接向本社调换

目录

隔断

聚酯玻璃

回纹壁纸

米色玻化砖

设计参考

如何设计门厅玄关

玄关起装饰作用，进门第一眼看到的就是玄关，这是客人从繁杂的外界进入这个家庭的最初感觉。可以说玄关设计是住宅整体设计思想的浓缩，它所占据的面积不大，但是在住宅装饰中起到画龙点睛的作用。为保护主人的私密性，避免客人一进门就对整个居室一览无余，在进门处可用木质或玻璃作隔断，划出一块区域，在视觉上遮挡一下。为方便客人脱衣换鞋挂帽，最好把鞋柜、衣帽架、大衣镜等设置在玄关内，鞋柜可做成隐蔽式，衣帽架和大衣镜的造型，应美观大方，和整个玄关风格相协调。而玄关的装饰应与整套住宅的装饰风格协调，起到承上启下的作用。

木质花格贴银镜

手绘墙饰

米色玻化砖

木质花格

彩绘玻璃

仿古砖

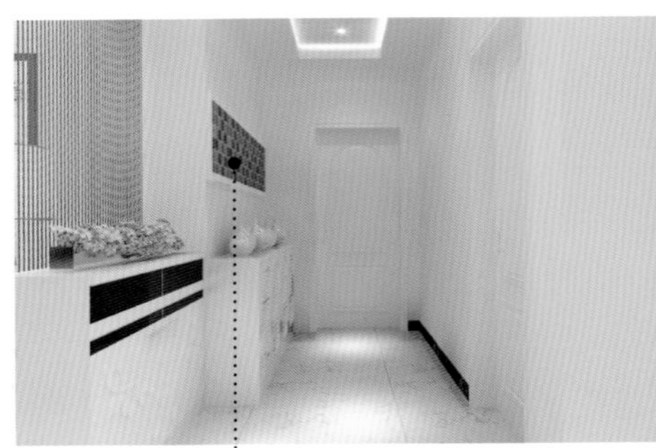
马赛克

雕花磨砂玻璃

白色亚光玻化砖

仿古砖　　木质花格

艺术墙贴

装饰银镜

白枫木格栅

米色亚光玻化砖

马赛克

彩绘玻璃

彩绘玻璃

沙比利金刚板

白枫木饰面板

雕花灰镜

艺术墙贴

白枫木饰面板

米黄色网纹大理石

米白洞石

白色玻化砖

白枫木饰面板

仿古砖

米色玻化砖

雕花茶镜

泰柚木金刚板

设计参考

走廊隔断的风格设计

走廊隔断的风格必须要与家居整体的风格相协调，而且由于走廊使用的特殊性，最好不要采用对比的设计手法，而应该略简于家居的整体装修。隔断可以进行的装饰装修之处不多、面积不大，因此不要刻意去追求华丽的风格情调，可通过整体的感觉或者是重点的局部点缀来呼应整体。一般情况下，可以稍作变化，以丰富层次变化。可以延续客厅的做法，而照明和装饰则以看着舒适、自然为准，既不能太单调，也不可太耀眼，应稍逊于所连接的较大空间，如客厅、餐厅等。

马赛克

米色玻化砖

木质花格

白枫木百叶贴银镜

白枫木踢脚线

白色亚光玻化砖

白桦木金刚板

装饰银镜

聚酯玻璃砖

茶色镜面玻璃

白枫木饰面垭口

★ 玄关走廊 ★

个性混搭

红樱桃木格栅

白橡木金刚板

仿古砖

胡桃木装饰横梁

白色亚光玻化砖

木质花格

黑镜装饰线

车边银镜

木质花格

米黄色玻化砖

胡桃木踢脚线

装饰银镜

白枫木踢脚线

雕花清玻璃

仿古砖

白枫木格栅

黑胡桃木踢脚线

彩绘玻璃

米色玻化砖

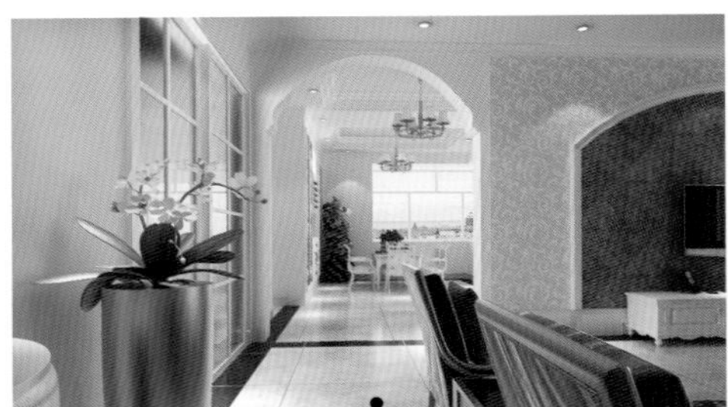

仿古砖

车边灰镜

深咖啡色网纹大理石踢脚线

木质花格

黑胡桃木格栅吊顶

设计参考

装饰玄关的注意事项

玄关是给人进入屋中的第一印象，在装饰上也要特别讲究，保持玄关处的整洁和明亮是需要重视的。玄关是客人进入大门后第一眼看到的地方，反映出主人的精神面貌和品位修养，玄关处如果堆放了太多的杂物，会给人一种邋遢、缺乏收拾的感觉，影响主人在来宾眼中的印象。同时，玄关处如果杂乱无章，一是影响人的精神和心情；二是凌乱不堪的玄关会影响家运。玄关处也要讲究明亮，在采光上应予以重视。玄关处如果昏暗不明的话，会使人产生压抑的感觉，严重影响人的精神风貌。由于玄关的特殊位置，往往处于大门到客厅的过渡空间，可能自然采光并不能保证充足的光线，这个时候就需要用灯光来补足了。

马赛克

车边灰镜

爵士白大理石

仿古砖　　红樱桃木踢脚线

红樱桃木饰面板

银镜装饰线

手绘墙饰

马赛克

白枫木百叶

米黄色网纹玻化砖

玫瑰木金刚板

白枫木踢脚线

米色玻化砖

肌理壁纸

灰白色网纹玻化砖

仿古砖　肌理壁纸

雕花银镜

米黄色网纹玻化砖

文化石

胡桃木窗棂造型

★ 玄关走廊 ★

中式古典

胡桃木雕花

红樱桃木窗棂造型

木纹大理石

仿洞石玻化砖

胡桃木装饰线

木质花格

泰柚木金刚板

胡桃木窗棂造型贴银镜

木质花格

松木格栅吊顶

红樱桃木踢脚线

设计参考

玄关走廊的隔断设计

在现代家居布置中，由于玄关的面积较小，为了通风和采光，一般都在玄关的上部设置隔断，采用镂空的木架或者磨砂玻璃。玄关的隔断设置需要注意一定要上虚下实，下半部要扎实稳重，一般就直接是墙壁或者做成矮柜；上半部则宜通透但不要漏风，采用磨砂玻璃最好。这种上虚下实的布局，一方面利于玄关在住宅功能区上的作用，便于采光，又能看到里面的一点景象，不至于进门之后让人感到太局促；另一方面则是为了使住宅根基稳固不易动摇。

直纹斑马木饰面板

红樱桃木格栅

泰柚木踢脚线

胡桃木饰面板

茶镜雕回纹

红樱桃木窗棂造型

红橡木金刚板　胡桃木窗棂造型

浮雕壁纸

茶色烤漆玻璃

米色玻化砖

白枫木窗棂造型

仿古砖

胡桃木窗棂造型

米色玻化砖

泰柚木金刚板　　胡桃木踢脚线

白枫木窗棂造型

米色釉面地砖

红樱桃木饰面垭口

釉面墙砖

仿古砖

米色玻化砖

红樱桃木饰面板

红樱桃木格栅吊顶

红橡木金刚板

仿古砖

印花壁纸

红樱桃木饰面板

木纹大理石

仿古砖

红樱桃木百叶

米色亚光玻化砖

木质花格

冰裂纹玻璃

★ 玄关走廊 ★
现代简约

设计参考 ▼

玄关走廊的隔断样式

隔断的方式多种多样，可以采用结合低柜的隔断，或采用玻璃通透式和格栅围屏式屏风结合，既分隔空间又保持大空间的完整性。这都是为了体现门厅玄关的实用性、引导过渡性和展示性三大特点。至于材料、造型及色彩，完全可以不拘一格。可以在隔断上设计玻璃镜面，以提醒家人出门时注意仪表。门厅玄关空间窄小，玻璃镜面容易受到碰撞，最好镶嵌在装饰柜内侧的背板上，不宜直接挂在墙面上。综合型玄关柜是独立的隔断造型，下部为鞋柜，上部采用装饰玻璃拼装。凸凹起伏造型能让门厅空间显得变化多样，丰富我们的家居环境。

马赛克

印花壁纸

车边银镜

米黄色玻化砖

密度板拓缝

文化砖

深咖啡色网纹玻化砖

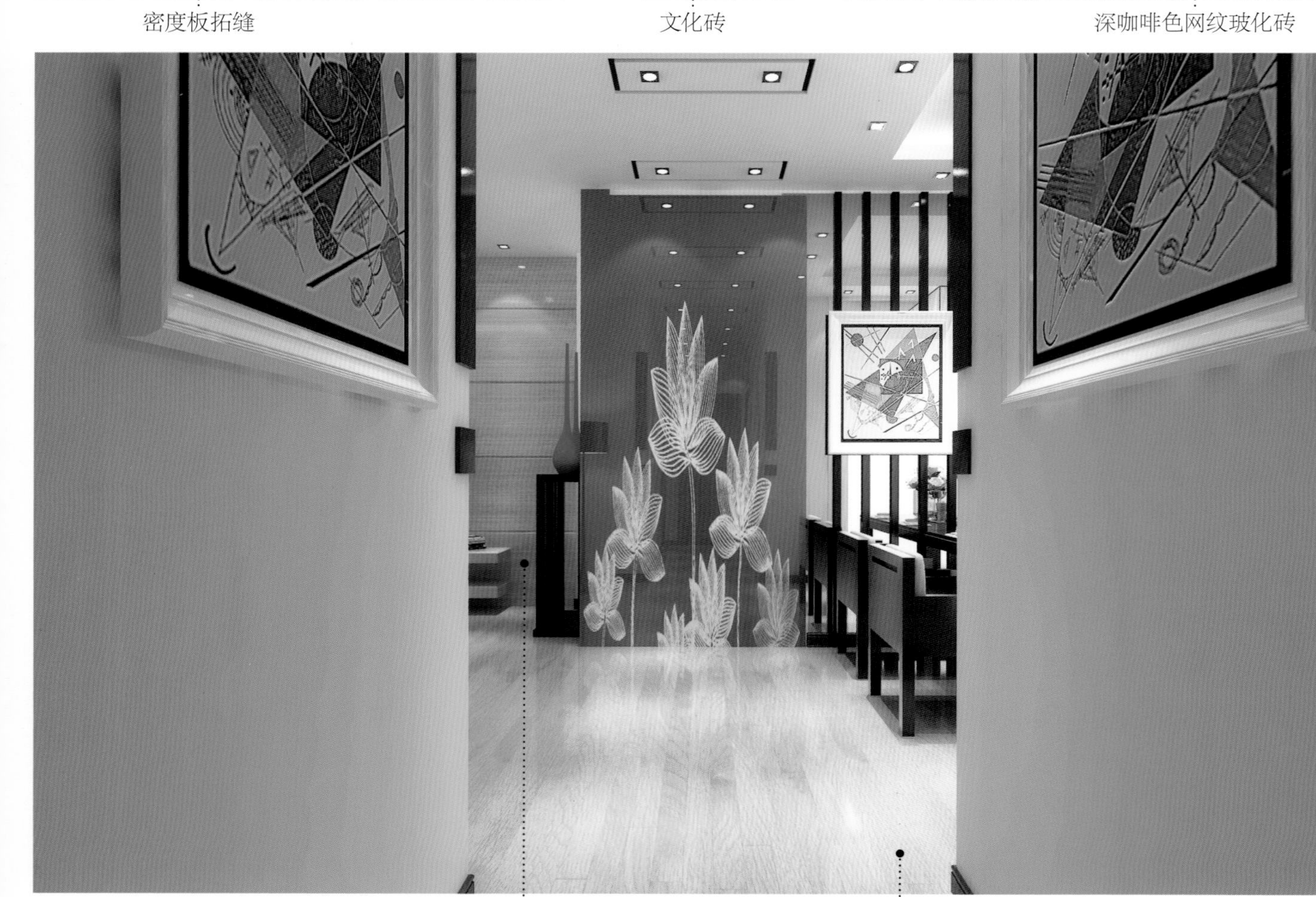
水曲柳饰面板

白橡木金刚板

马赛克　　胡桃木金刚板

仿古砖

马赛克

红樱桃木踢脚线　　沙比利金刚板

灰白色网纹玻化砖

肌理壁纸　　黑色烤漆玻璃　　米色玻化砖

木质花格

装饰银镜

水曲柳饰面板

白枫木饰面垭口

白枫木搁板

马赛克

黑色烤漆玻璃

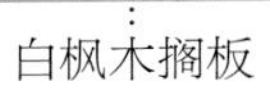

雕花灰镜

马赛克

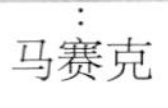

云纹玻化砖

白枫木搁板

装饰银镜

木质花格贴灰镜

装饰银镜

雕花银镜

马赛克

条纹壁纸

白桦木装饰立柱

胡桃木金刚板

雕花灰镜

雕花银镜

白枫木饰面板

红橡木金刚板

仿古砖

设计参考

玄关的墙面应怎样设计

玄关因为面积不大，墙面与人的视觉距离比较近，一般都作为背景来打造。墙壁的颜色要注意与玄关的颜色相协调，玄关的墙壁间隔无论是木板、墙砖或石材，在颜色设计上一般都遵循上浅下深的原则。玄关的墙壁颜色也要跟隔断相搭配，不能在浅的地方采用深的颜色，在深的地方用浅的颜色，要在色调上相一致，并且也要与隔断的颜色一样有一定的过渡。对主题墙可进行特殊的装饰，比如悬挂画作或绘制水彩，或做成摆件台，或用木纹装饰等，无论怎样装饰，都要符合简洁的原则。玄关处要保证空气的通畅，墙壁也不宜采用凹凸不平的材料，而要保持光滑平整。

白枫木踢脚线

马赛克

印花壁纸

雕花茶镜

米色亚光玻化砖

艺术墙砖

装饰灰镜

印花壁纸

马赛克波打线

玫瑰木金刚板

密度板雕花贴灰镜

印花壁纸

胡桃木踢脚线

浅咖啡色网纹大理石波打线

米黄色玻化砖

木质花格

马赛克

彩绘玻璃

灰镜装饰线

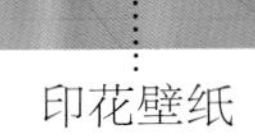

印花壁纸

玫瑰木金刚板

白枫木格栅

白枫木饰面板

红砖

浮雕壁纸

柚木金刚板　　红樱桃木踢脚线

白桦木吊顶

手绘墙饰

白桦木金刚板

白枫木百叶

设计参考

隔断的材料选择

家居隔断以前运用最多的是轻钢龙骨、石膏板或木质纤维板。如今隔断的设计已经朝着多元化的方向发展，珠帘、布艺、金属、玻璃等已成为隔断材料的新生主力。在隔断这样的非功能局部，材料的应用尤为重要，材料自身的装饰效果对隔断的整体效果有着至关重要的影响作用。虽然这种空间看上去很不起眼，但是合理的选材不仅能节省成本，还能对整体空间起到锦上添花的作用。

仿古砖

木质花格

白枫木饰面板拓缝

胡桃木饰面垭口

白枫木饰面板

米黄色亚光玻化砖

深茶色烤漆玻璃

手绘墙饰

白色亚光玻化砖

米色釉面地砖

肌理壁纸

大理石拼花

石膏板浮雕

米黄大理石

米黄洞石

黑白根大理石

米黄色玻化砖

米黄色网纹大理石　伯爵黑大理石踢脚线

马赛克

成品铁艺

装饰罗马柱

水曲柳饰面板

浅咖啡色网纹大理石

设计参考▼

玄关的色彩设计

玄关以清淡明亮的颜色最适宜，如白色、淡绿色、淡蓝色、粉红色等，这些颜色象征着希望和热情，避免使玄关处有阴暗之感。对于暖色调的玄关摆设应简洁，不应看到杂物，以使狭小的空间显得更宽敞明亮。玄关不宜堆砌太多让人眼花缭乱的色彩与图案，否则，会给人以沉重、压抑的感觉。清爽的色彩和干净的图案是玄关的最好选择。

木质花格贴清玻璃

深咖啡色网纹大理石波打线

装饰灰镜

彩绘玻璃

仿古砖

茶色镜面玻璃

深咖啡色网纹大理石波打线

黑色烤漆玻璃

沙比利金刚板

木质花格

车边银镜

装饰银镜

彩绘玻璃

白色玻化砖

车边银镜

印花壁纸

印花壁纸
浅咖啡色网纹大理石

白色玻化砖

玫瑰木金刚板

装饰茶镜

车边灰镜

红樱桃木饰面垭口

车边灰镜

深咖啡色网纹大理石波打线

木质花格贴灰镜

黑胡桃木踢脚线　　仿古砖

皮纹砖

木质花格

米黄色网纹玻化砖

红樱桃木饰面垭口

马赛克

仿古砖

★ 玄关走廊 ★

浪漫雅致

装饰灰镜

设计参考

玄关隔断的装饰点缀

玄关隔断作为我们进入居室的一道风景，虽是居室空间中狭小的一处，却对整个居室的风格起着至关重要的作用。对隔断最行之有效的美化方法就是通过后期购买家具和饰品来实现。别小瞧了一只小花瓶或一件装饰品，少了它们，您的玄关隔断就缺少了一份灵气和趣味。一幅上品的油画，一件精致的工艺品，或是一盆细心呵护的君子兰，都能从不同角度体现居住者的学识、品位、修养。

黑色烤漆玻璃

爵士白大理石

条纹壁纸

酒红色烤漆玻璃

条纹壁纸

米黄色网纹玻化砖

马赛克

红橡木金刚板

黑胡桃木踢脚线

雕花茶镜

胡桃木踢脚线

木质花格

米色网纹玻化砖

木质花格

伯爵黑大理石踢脚线

米黄色玻化砖

马赛克

彩绘玻璃

密度板雕花贴银镜

白枫木踢脚线

木质花格贴清玻璃

装饰灰镜

白桦木金刚板

白枫木窗棂造型贴银镜

浅咖啡色网纹大理石波打线

木质花格

深咖啡色网纹大理石波打线

雕花银镜

灰白色网纹玻化砖

榉木金刚板

雕花黑色烤漆玻璃

白桦木饰面板

肌理壁纸

彩绘玻璃

聚酯玻璃

木质花格

白橡木金刚板

手绘墙饰　　白枫木踢脚线

条纹壁纸

马赛克

黑胡桃木饰面板

印花壁纸

黑胡桃木踢脚线

红橡木金刚板

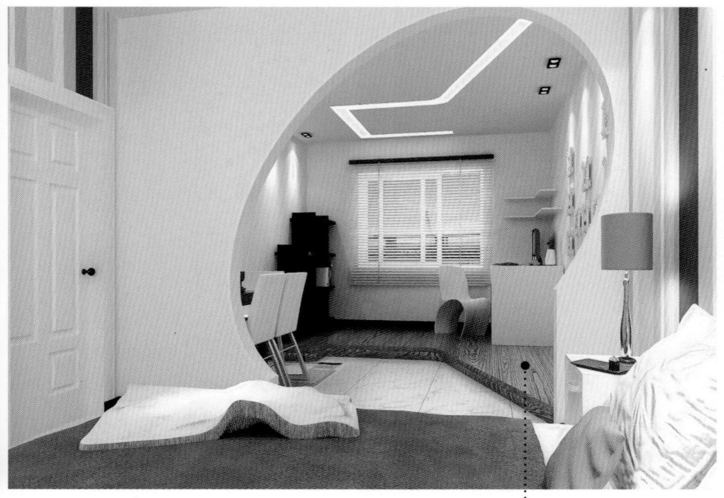

玫瑰木金刚板

★隔　断★
现代时尚

教你选材

实木装饰立柱

用实木来装饰立柱，其实木纹理不受年龄限制，无论主人的年龄大小，家居的风格古典亦或现代，都可以将木材天然的纹理融入其中。特殊的图案本身就包括了原始和现代的设计风格，可以运用到各种材质上，和各种家居环境的搭配也比较简单。

木纹大理石

木质花格

装饰灰镜

泰柚木金刚板

木质花格

白桦木金刚板

白色玻化砖

黑镜装饰线

红橡木金刚板

木质花格

白色玻化砖

木质花格

酒红色烤漆玻璃

磨砂玻璃

白桦木装饰立柱

沙比利金刚板

车边黑镜

米黄色玻化砖

车边茶镜

白枫木窗棂造型

白枫木装饰立柱

沙比利金刚板

木质花格

教你选材

磨砂玻璃

磨砂玻璃通透多变，大胆利用玻璃作隔断既有划分功能，又能保证有效采光。用玻璃装饰能美化室内环境还能提亮居室亮度，如有花纹图案的加入则又会让玻璃的装饰效果更惊艳。墙面用磨砂玻璃装饰，在顶灯的照射下，磨砂玻璃上映衬的图案会呈现立体的效果，让人感觉栩栩如生。

印花壁纸

木质花格

雕花磨砂玻璃

车边银镜

仿古砖

皮革软包

银镜装饰线

水曲柳饰面板

黑晶砂大理石波打线

红樱桃木饰面垭口

白枫木格栅吊顶

木质花格

玫瑰木金刚板

木质花格贴茶镜

白枫木搁板

木质花格

茶色镜面玻璃

钢化玻璃

雕花银镜

木质花格

米黄色玻化砖

木质花格贴清玻璃

马赛克

黑镜装饰线

★隔 断★
个性混搭

教你选材▼

不锈钢条

不锈钢条在居室中具有很好的装饰效果。不锈钢不易产生腐蚀、点蚀、锈蚀或磨损。不锈钢还是建筑用金属材料中强度最高的材料之一。由于不锈钢具有良好的耐腐蚀性，所以它能使结构部件永久地保持工程设计的完整性。含铬不锈钢还集机械强度和高延伸性于一身，易于部件的加工制造，可满足建筑师和结构设计人员的需要。

马赛克

雕花灰镜

木纹玻化砖　泰柚木金刚板

红砖

米黄色玻化砖

木质花格屏风

胡桃木窗棂造型

红樱桃木肌理造型　　沙比利金刚板

米黄色网纹大理石

木质花格

胡桃木格栅

仿古砖

木质花格

泰柚木饰面板

马赛克

胡桃木装饰立柱

水曲柳饰面板

木质花格贴清玻璃

艺术墙贴

雕花清玻璃

教你选材

艺术玻璃

一种应用广泛的高档玻璃品种。它是用特殊颜料直接着墨于玻璃上，或者在玻璃上喷雕出各种图案再加上色彩制成的，可逼真地对原画进行复制，而且画膜附着力强，可进行擦洗。根据室内彩度的需要，选用艺术玻璃，可将绘画、色彩、灯光融于一体；也可将大自然的生机与活力剪裁入室。艺术玻璃图案丰富亮丽，居室中彩绘玻璃的恰当运用，能较自如地创造出一种赏心悦目的和谐氛围，增添浪漫迷人的现代情调。

白色木纹玻化砖

白枫木窗棂造型

水晶装饰珠帘

白橡木金刚板

米黄色玻化砖

木纹大理石

黑镜装饰线

仿古砖

胡桃木金刚板

车边银镜

胡桃木饰面板

黑胡桃木装饰立柱

胡桃木装饰线

黑胡桃木窗棂造型

米色玻化砖

红樱桃木饰面垭口

胡桃木格栅

黑胡桃木窗棂造型

红樱桃木窗棂造型

米黄色亚光玻化砖

米色网纹玻化砖

手工绣制地毯

胡桃木格栅

玫瑰木金刚板

红樱桃木窗棂造型

磨砂玻璃

木纹玻化砖

泰柚木踢脚线

玫瑰木踢脚线 玫瑰木金刚板

雕花银镜

米色釉面地砖

胡桃木饰面板

磨砂玻璃

红樱桃木金刚板

马赛克

教你选材

车边银镜

车边是指在玻璃（包括镜子）的四周按照一定的宽度，车削一定坡度的斜边，看起来具有立体的感觉，或者说是具有套框的感觉。车边银镜的装饰，个性时尚、美轮美奂，为居室装修增添了个性色彩。餐厅中使用车边银镜并经过微妙的处理，大大增加了餐厅的空间感，让两厅视线得到最大程度地延伸。

仿古砖

米色玻化砖

黑胡桃木格栅

米色玻化砖

红樱桃木饰面垭口

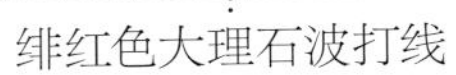

绯红色大理石波打线

白枫木格栅吊顶

泰柚木饰面板

胡桃木金刚板

胡桃木饰面板

木质花格

木质花格

白色玻化砖

中花白大理石

有色乳胶漆

雕花银镜

白橡木金刚板

雕花黑镜

白枫木装饰立柱

仿古砖

雕花清玻璃

水晶装饰珠帘

木质花格

手绘墙饰

白橡木金刚板

米黄大理石

木质花格

泰柚木金刚板

车边银镜

白枫木装饰线

茶色烤漆玻璃

白枫木装饰立柱

绯红色釉面墙砖

印花壁纸

白橡木金刚板

教你选材

木质格栅

木质格栅具有良好的透光性、空间性、装饰性及其隔热、降噪声等功能。在家庭装修中用得最普遍的是推拉门、窗，其次是吊顶、平开门和墙面的局部装饰。在餐厅的上方做木格栅吊顶，会使家中充满生活情趣；客厅中拥有木格栅，则有一种古色幽幽的气氛。

木质花格

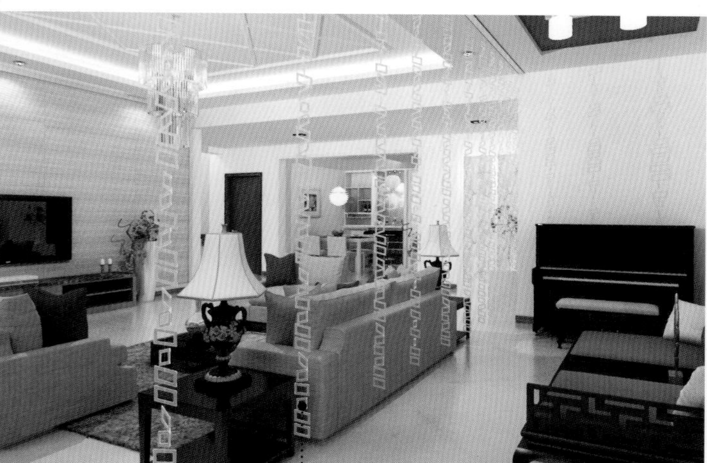

成品装饰珠帘

沙比利金刚板

轻钢龙骨装饰横梁

中花白大理石　水曲柳饰面板

红樱桃木格栅吊顶

米色釉面地砖

木质花格

磨砂玻璃

白色玻化砖

有色乳胶漆

木质花格

印花壁纸

仿古砖

泰柚木金刚板

密度板拓缝

木质花格

水曲柳饰面板

桦木装饰立柱

白橡木金刚板

仿古砖

白枫木装饰立柱

印花壁纸

白枫木格栅

装饰硬包

白枫木百叶

马赛克

黑胡桃木花格

雕花玻璃

钢化玻璃搁板

胡桃木金刚板

创意搁板

教你选材

木窗棂造型

木窗棂造型具有先人古朴典雅的气质，又与现代装饰融为一体，更能展现出主人装修的个性风格。木窗棂造型显示了中国传统的造型艺术，其体现了玲珑剔透和较强立体感的造型，也体现了我国古代木雕艺术的真谛，我们可以从中领悟到我国文化艺术的深刻内涵。

红橡木金刚板

冰裂纹玻璃

红樱桃木金刚板

热熔玻璃

白桦木装饰立柱

白枫木饰面板

印花壁纸

沙比利金刚板

彩绘玻璃

白枫木装饰立柱

车边银镜

白桦木装饰立柱

木质花格

磨砂玻璃

车边银镜

白桦木饰面板

木质花格

木纹大理石

密度板雕花

米色玻化砖

木质花格

米黄色玻化砖

教你选材

胡桃木装饰垭口

虽然垭口是家装中的小细节，但是装修的最终效果正是由各个细节构成的，因此对其设计也绝不能放松。胡桃木垭口的应用要根据整体的装修风格来确定，造型与色彩要与空间相吻合，使其与周遭环境完美融合在一起。天然的木材纹理，营造出一种大自然的清新感觉。

木质花格

大理石拼花

米色玻化砖

印花壁纸

羊毛地毯

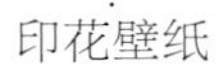

印花壁纸

灰白色网纹大理石

胡桃木踢脚线

白枫木百

仿古砖

雕花茶镜

桦木装饰立柱

文化石

松木板吊顶

米色玻化砖

木质花格

桦木格栅

白枫木装饰立柱　　印花壁纸

黑镜装饰线

柚木金刚板

大理石拼花

雕花清玻璃

雕花清玻璃

★隔 断★
浪漫雅致

条纹壁纸

红樱桃木饰面板

木质花格

密度板雕花贴银镜

白桦木装饰立柱

米色釉面地砖

雕花烤漆玻璃

黑胡桃木踢脚线

马赛克

白枫木格栅

肌理壁纸

泰柚木金刚板

彩绘玻璃

米黄色玻化砖

教你选材 ▼

装饰珠帘

装饰珠帘可以作软隔断装饰；当然需要营造氛围的话，也可以作墙面装饰，非常富有个性特色。装饰珠帘有多种材料制成，可以根据居室内的装修设计选择不同式样、不同材质的珠帘，如：水晶珠帘、亚克力珠帘、金属珠帘、木竹珠帘、玉石珠帘、贝壳珠帘等等。

胡桃木踢脚线

白枫木装饰线

黑胡桃木饰面板

印花壁纸

木纹玻化砖

白色玻化砖

雕花清玻璃

柚木饰面板

雕花清玻璃

热熔艺术玻璃

车边银镜

有色乳胶漆

马赛克

白枫木装饰立柱

白色玻化砖

米黄色玻化砖

木质花格

玫瑰木金刚板

雕花银镜

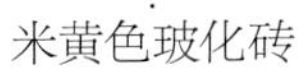

米黄色玻化砖

桦木装饰立柱